U0143296

SKYLINE
天 际 线

望远 知新

THE BOOK
OF PEBBLES

卵石之书

[英国]克里斯托弗·斯托克斯　著

[英国]安吉·卢因　绘

陈星　译

译林出版社

图书在版编目（CIP）数据

卵石之书 / （英）克里斯托弗·斯托克斯
（Christopher Stocks）著；（英）安吉·卢因
（Angie Lewin）绘；陈星译. — 南京：译林出版社，2023.5
（"天际线"丛书）
书名原文：The Book of Pebbles: From Prehistory to the Pet Shop Boys
ISBN 978-7-5447-9591-3

Ⅰ.①卵… Ⅱ.①克… ②安… ③陈… Ⅲ.①卵石 –
普及读物 Ⅳ.①P619.22 – 49

中国国家版本馆CIP数据核字（2023）第032964号

The Book of Pebbles: From Prehistory to the Pet Shop Boys
First published by Random Spectacular, an imprint of St Jude's Gallery, 2019
Text © 2019 Christopher Stocks
Illustration © 2019 Angie Lewin
Design by Luke Bird
Artwork photography by Jamie McAteer
Portrait photographs by Alun Callender
Published by arrangement with Thames & Hudson Ltd, London
This edition first published in China in 2023 by Yilin Press Ltd, Nanjing
Simplified Chinese edition copyright © 2023 by Yilin Press, Ltd
All rights reserved.

著作权合同登记号　图字：10-2021-518 号

卵石之书　[英国] 克里斯托弗·斯托克斯／著　[英国] 安吉·卢因／绘　陈星／译

责任编辑　杨雅婷
装帧设计　胡　苨
校　　对　梅　娟
责任印制　董　虎

原文出版　Thames & Hudson, 2020
出版发行　译林出版社
地　　址　南京市湖南路 1 号 A 楼
邮　　箱　yilin@yilin.com
网　　址　www.yilin.com
市场热线　025-86633278
排　　版　南京展望文化发展有限公司
印　　刷　南京爱德印刷有限公司
开　　本　890 毫米 × 1240 毫米 1/32
印　　张　3.75
版　　次　2023 年 5 月第 1 版
印　　次　2023 年 5 月第 1 次印刷
书　　号　ISBN 978-7-5447-9591-3
定　　价　65.00 元

目录

前言：岸、海、天

安吉·卢因

　　我在外套口袋深处找到一块光滑的条纹卵石，这使我想起了此前的一次海滩漫步。我能听到脚下一块块卵石嘎吱作响，能想象出自己在海边缓步前行、扫视潮位线时，大海是怎样一幅图景：浪涛裹挟着贝壳、浮木、海草和破损的羽毛翻滚涌动。一根弯曲的紫黑色干墨角藻伴着一块银白与蓝灰色相间的条纹卵石，这引得我动手画了一幅速写，捕捉这海岸风景。

　　每一次散步，我的关注点似乎都不同。我今天会寻找天然带孔的"女巫石"，过一天则会专找带条纹或者环纹的卵石。接下来的一天，海滩上也许会是成堆的白色石英球卵石、粉白的海玻璃或者光滑圆润的碎陶片。也许有人会觉得，在海滩上闲逛或者在礁石间探查水洼里的生物幼稚可笑，但这对于我来说实在是妙趣

《索尔特豪斯招贴画》
麻胶版画，2010年

横生，叫人着迷。时间会停止流逝，如果你那天运气好，独享整片海滩的话，这种感觉会更加强烈。对于我来说，没有比整天在户外散步、作画更开心的事了。

许多年来，在我那些描绘本土植物的麻胶版画、丝网版画、木口木刻版画和水彩画中，卵石已成为一种背景。它们有一种历经沧桑、永恒不灭的坚实感，在我的画中与风中凌乱的小草、枝枝丫丫的各种植物、轻柔通透的羽毛形成了一种视觉对位。卵石在我的版画和油画中越来越频繁地移至前景。在麻胶版画和木口木刻版画中，我将它们进行风格化处理，加强了它们的平面图形特征，还通过连续复绘它们那有着精妙差异的纹理与形状来创造种种图案。

1998年，我们搬出伦敦，迁居诺福克北部海岸，每天我都会去海滩上散步。卵石随潮水涌动变换着位置，我常常一觉醒来，发现风暴让海滩一夜之间面目全非，卵石堆或是高高耸起，或是被彻底抚平，又或是被大海之力掏出一个个半圆，沿着海滩依次排开。很快，索尔特豪斯和克莱那些带条纹或斑点的卵石，以及韦伯恩的燧石卵石和白垩岩卵石，在我心中便成了这片风景的特色。这些无遮无挡的狭长卵石海滩一直延伸至远方，构成一幅以灰色北海为边框的苍凉壮美的风景画。

《马芹》
木口木刻版画，2003年

《珀耳塞福涅海岸》
综合材料拼贴画，2013 年

现在我们定居苏格兰，我的作品中便常常出现东北与西北海岸的风光。我喜欢自芬德霍恩海岸后面的沙丘伸展开来的景色，长长的堤岸上铺满色调各显不同的灰色卵石，上面点缀着条纹与环纹；我也喜欢马里湾水面那边萨瑟兰郡的远山。鲣鸟们扎猛子潜入海里，绒鸭们随波浪起起伏伏。在外赫布里底群岛的北尤伊斯特，片麻岩卵石已存在三十亿年，是地球上最古老的石块。它们散落在白沙上，有着对比鲜明的条纹，颜色从浅灰到蓝黑都有。夏季，这些卵石间会绽放各种苏格兰沿岸沙质低地常见的明艳花朵。背倚着单色调的卵石，野胡萝卜、海石竹、小鼻花、岩豆、品红兰喧嚣热闹。这些植物貌似纤弱，但实际上相当顽强，我喜欢用自己的画笔努力捕捉它们展现在石块边、恢宏海天间的那一抹温柔。

我收集天然的东西，把它们带回家和工作室，这种爱好大概可以追溯到20世纪80年代初：那天，我和一个同学在剑桥转悠了一整天，然后试着按了茶壶院美术馆的门铃，全然没有预见会在那里看到什么。吉姆·伊德的摆设，无论是在一幅艾尔弗雷特·沃利斯的画作边放上两块燧石，还是在架子上本·尼科尔森的作品旁摆上一颗种荚和几块卵石，都让我耳目一新，展示了艺术与自然世界如何联系在一起，以及两者又如何同我们每日的家庭生活联系在一起。我能想象到，在海岸上挑选近乎浑圆的灰色卵石，然后在一张朴素的木桌上将它们按大小和色调渐次摆放，创造出一个完美的螺旋形，会给人带来的那种触觉体验。

我则将捡回来的卵石随意撒在窗台和工作室的架子上，和我那批豁了口的杯碗放在一起，而它们也一样美丽，一样珍贵。我不是地质学家，但它们的模样以及在手中的触感令我着迷，让我想要描绘它们。我以前是通过描绘本地花卉，慢慢增长了对它们的了解，现在我也以同样的方式慢慢增长了对卵石的了解。引发我兴趣的，是它们与周遭植物的关系，还有它们同远处的岩石、大海与天空一同构成的景色。在我眼中，卵石同最最渺小、最不起眼的植物一起，定义了整个风景。也正是通过它们，我尝试描绘出自己所喜爱的那些荒野之地。

安吉·卢因于爱丁堡

右图:《1937年加冕典礼纪念杯》
麻胶版画，2005年

后页图:《斯佩河之秋》
平版印刷画，2008年

1

在切西尔海滩

听啊！你听见那咔啦啦的震响，

那是浪涛在卷起卵石投掷。

——马修·阿诺德，《多佛尔海滩》，1867年

　　我夜里躺在床上，有时会聆听大自然制造卵石的声响。那是一种诡异的声音，但很奇怪，它能让人安神舒心，像是沉睡巨人深缓的呼吸——或者更通俗点，用波特兰岛人以前的话说，像是韦茅斯所有的人同时将自家的窗帘扯开又拉上，不过得是从前的铜环窗帘。我在岛上一座波特兰石造的老房子里住了许多年，房子面向切西尔海滩，那片一望无际、与陆地若即若离的卵石滩是

《月光下的海滩》
木口木刻版画，2018年

多塞特海岸的一大奇迹。切西尔海滩是个奇异而令人着迷的地方，总长18英里（约29千米），其中大部分孤悬海中，卵石成堆，在波特兰这一端，卵石堆甚至高近15英尺（约4.57米）。不过最奇异的（而这个谜团至今还没有令人满意的解释），是它的石头自东向西体积依次渐变。

切西尔海滩的卵石不寻常之处，倒不在于它们的成分（多数是燧石或者硅石，硬度超过钢），而在于海浪和潮汐将它们的体积打磨得极有规律。人们常说，即便是在晚上，本地的渔夫只要弯腰摸一摸脚边石头的大小，就能准确地知道自己是在长长海岸线上哪一处上的岸。波特兰以西18英里处（一般认为这是切西尔海滩的起点），卵石如豌豆般大小，踩上去颇松软，不硌脚。在它的东端，即波特兰这一端，就在我房子的下方，卵石大过拳头，大多是扁椭圆形，光脚踩上去硌得特别难受。这里即使在8月间的公休日也不会有很多游人，卵石就是一个原因。我总是一有机会便会去海中游泳，不过单单走到海边就是个挑战：海滩很陡，你一走动，又大又圆的卵石就会滚动起来，一块撞上另一块，让你左右趔趄。卵石相互摩擦，发出咯咯吱吱的声音，就像粉笔刮过黑板。

我们通常将大海看作一个永远变动不居的事物，但任何一个住在海岸边的人都知道，海滩的形状也一直在变化，月月不同，周周相异。当风刮向一个特定的方向，或者涌浪特别长的时候，大海便起劲地动手改造海滩，有时一夜之间便让它的轮廓大变。在切西尔，大潮和劲风过境留痕，打造出一条条风暴垄——平行分布的卵石带，有的高，有的低，延绵几英里，直至消失在远处咸咸的海雾中。偶尔，当刮起西风、潮水合适时，海滩水线上会形成一个个扇形深坑，形状、大小完全一致。海水在这些扇形坑中反复旋转，又打磨出几块光滑的卵石。一眼望去，海滩巨大的内凹弧面上满是这些彼此相似的图案，酷似锯子的 V 形锯齿。

从规模、体量、范围来看，切西尔海滩看上去也许诞自亘古，但从地质学角度说，它却年轻得惊人，据说大约一万年前才形成。不仅如此，我们所看到的海滩一年一年都不相同，而且有时（比如一场大风暴后）一天一天都不相同。赫拉克利特说得对：一切看上去永恒不变的东西实际上都处于不断变化中。天空的蓝色也许同我昨天、去年或者孩提时看到的蓝色相同，但每一天，那同样的蓝色都是由不同的原子、不同的光波、空气中不同数量的水分子生成的。切西尔海滩也是如此。连着两天在海岸上看到同样的卵石，这种机会微乎其微。

当人们问我为什么想要写一本关于卵石的书时，我的答案总是一样的：我怎么可能住在切西尔海滩边而不想写一本关于卵石的书？就像树上的树叶一样，它们无处不见却又珍稀难得。切西尔海滩上有数以亿计的卵石，但每一块都与众不同——或是形状相异，或是花纹有差。但与树叶不同的是，卵石有分量，沉沉的，它们圆润的形状仿佛天生适合让人握在手里。它们摸上去冰凉，但握着手感却很舒适。它们免费却又珍贵：一块备受喜爱的石头可以成为护身符、小小的家神、贝克特式的念珠，甚至小而体面的社会地位标志。它们可以同最精巧的布朗库西雕塑一般优雅，却又铁打一般结实。我想，它们如今之所以大受欢迎，关键就在于这种雕塑感。它们足够小，即使在最小的公寓房里，也很容易在搁架上找到一席之地，光滑的曲线、低调的色泽让它们看上去极像是微缩版的芭芭拉·赫普沃斯或亨利·穆尔作品——不过，这或许也没什么可惊讶的，因为，正如我们会看到的那样，他们最好的那些作品当初的创作灵感恰恰来自卵石。

切西尔海滩上的卵石或许没有其他某些海滩上的那样多彩多姿，但似乎普通游客来这儿做的第一件事，就是他们去任何卵石滩都会做的那件事：抓起一把来。如果是男性，接下来他们就会将它们一块接一块掷进海里；在风平浪静的日子，它们落水时会扑通一声，让人开心。另外一些较为内敛的人则会缓步前行，专注地盯着脚边，寻找一块完美的卵石，好带回家去；不过在切西尔这样做却令人不悦，因为据说这片海滩在渐渐萎缩，很久前西边的海岬已隔断了卵石原料的来路。不过，人们在切西尔采集卵石这件事儿已有上千年的历史了——这是近一个世纪前，莫蒂默·惠勒爵士的发现。

本页图:《沿岸》
麻胶版画，2003年

后页图:《奥尔德堡的海滩》
麻胶版画，2005年

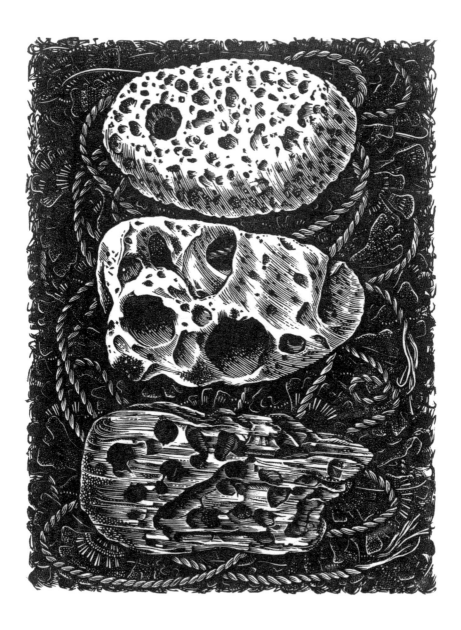

2

战时的莫蒂默爵士

　　也许我们与卵石最深远又最单纯的联系便是投石的冲动。在那些臂膀有力、投掷精准的人手里，卵石可以成为致命武器，自大卫与歌利亚起，世界各地的文化中都有运用卵石进行攻击的记录。波特兰本身就被托马斯·哈代称为"投石者之岛"，这是在说岛民们在投石自卫这件事上神勇高强，不过这似乎只是哈代的想象，并无文献记录（尽管也许还算可信）。不过，20世纪30年代，就在内陆几英里处，在莫蒂默·惠勒爵士主持的考古发掘现场，即梅登城堡（位于多切斯特附近的那座巨型铁器时代山地堡垒）的东门处，人们发现有上万块卵石堆积在那里。

　　这些卵石的重量从0.5盎司到2盎司（约14克到57克）不等，惠勒认为，它们是堡垒中的人们为了抵御罗马人的进攻，从切西

《沙滩游民》
木口木刻版画，1995年

尔运上来用作石弹的，不过那次抵抗最终还是失败了。这个故事牢牢抓住了公众的兴趣点，尽管后来的研究证明惠勒的结论并不准确，但他讲述的故事仍旧留在了大众心中。这是公众参与考古工作的早期范例，考古学家热情鼓励游客旁观他们的工作，而发掘工作的部分开支则由销售明信片、现场报告，甚至（似乎）还有卵石的收入抵销，据说卵石的价格是一便士一块。有一个非常有趣，但可惜并无证据的说法：惠勒偶尔会从切西尔海滩上运新的卵石来补充原来的石堆。

梅登城堡囤积的卵石带有军事目的——惠勒的这一假设很有意思。他的确可能是对的，但正如最近一位评论家所说，他似乎没有考虑这些卵石是否可能被派上更和平（但不那么激动人心）的用场。比如，人们采集它们的目的可能相当普通，例如重铺入口通道，就像今天路旁临时停车区内设置的砾石堆所起到的那种崇高作用。不过，20世纪30年代中叶正是战争阴云渐浓之时，也许在解释那种卵石堆的作用时，比起如今的考古学家，那时的人们（特别是像惠勒这样参加过第一次世界大战的人）更容易联想到冲突。

本页图:《岛岸海石竹》
石版画，2015 年

后页图:《盐沼风暴 II》
丝网版画，2017 年

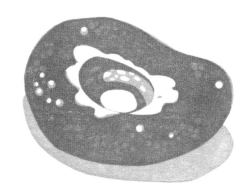

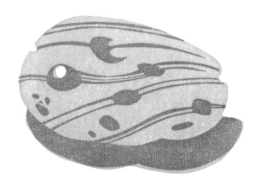

《三块卵石》
麻胶版画，2018 年

3

毕加索的卵石

尽管莫蒂默爵士给卵石平添了几分恰好与自己那一时代旋律相符的浪漫魅力，但在他的认识中，它们依然只是些原材料，令人感兴趣的是它们的用处而非它们自身。不过，我觉得如今大多数人与他的看法相异，我们认为卵石本身就是美丽的事物。这一观点在我们看来理所当然，然而，像其他多数看法和观点一样，它也有一段自己的故事，其起源可追溯到与惠勒发掘梅登城堡相近的时候（历史不时有这样奇妙的巧合）。提出并倡导这一新观点的先锋不是一位考古学家，而是一批艺术家（就像此前与此后许多新观点的提出与倡导一样），而且它可以追溯到两个具体年份，甚至是两片具体的海滩。年份是1928年和1930年，而海滩则分别在布列塔尼和诺福克。

正是从艺术家那里我们学到了看世界的新方法——这说法已成了老生常谈，但就卵石而言，它似乎言之有理。1928年7月末，巴勃罗·毕加索在迪纳尔时，将卵石图案引入了自己创作的一系列优美钢笔画中。迪纳尔是布列塔尼的一处度假胜地，他当时带妻子去那里消夏（不过必须说，他的主要目的是与自己那青春年少的情人玛丽-泰雷兹·瓦尔特幽会）。毕加索后来阐述了自己关于卵石和拾得物有可能是人类早期艺术灵感来源的理论。"我觉得，竟然会有人想起用大理石做雕刻，这事儿很奇怪，"他对自己的朋友、同样热爱卵石的匈牙利摄影师布拉塞这样说道，"有人也许能从树根、墙上的裂缝、一块被侵蚀的石头或卵石中看出些什么来，这我能理解。但是……米开朗琪罗怎么能从一整块大理石中看出他的《大卫》来？人之所以开始创作图像，是因为他在身边看到了它们，几近成型，唾手可得。"

当毕加索在迪纳尔享受海滨沙滩时，英吉利海峡的那一边，年轻的亨利·穆尔正在收集燧石。20世纪20年代，穆尔家的几位成员从约克郡迁来诺福克，而本地海蚀速度极快的燧石与卵石海滩，以及海岸边长长的矮崖，即将实实在在地为他的作品提供营养。1930年，他向朋友芭芭拉·赫普沃斯和她当时的丈夫、艺术家约翰·斯基平提议，夏日去北海边的小村庄黑兹堡（拼作"Happisburgh"，不过念作"Hazeborough"）度假。夫妇俩租了面朝村中池塘的彻奇农场，并邀请穆尔和妻子艾琳娜，以及画家伊冯·希钦斯前来小住。同穆尔一样，芭芭拉·赫普沃斯似乎也已嗅到了卵石的潜在艺术性。尽管她早期的雕刻作品主要是具象而非

抽象的，但在《建筑协会杂志》1930年4月刊中，她提出，"如果人们能够纯粹欣赏一块卵石或鸡蛋的形状，那他们便是向着真正欣赏雕塑艺术走近了一步"。

　　穆尔则琢磨卵石多年了。在《雕刻家说》这篇1937年发表在《听者》杂志上的文章中，他回忆道："虽然最吸引我的是人体，但我也一直很关注自然事物，比如骨骼、贝壳和卵石……接连好几年，我都去了海滩上的同一个地点——不过每一年，都会有一种新的卵石形状吸引我的眼光，这种形状的石头数以百计，但一年前我却视若无睹。在海滩上漫步时，我从数以百万计的卵石旁

《女巫石》
铅笔画，2003年

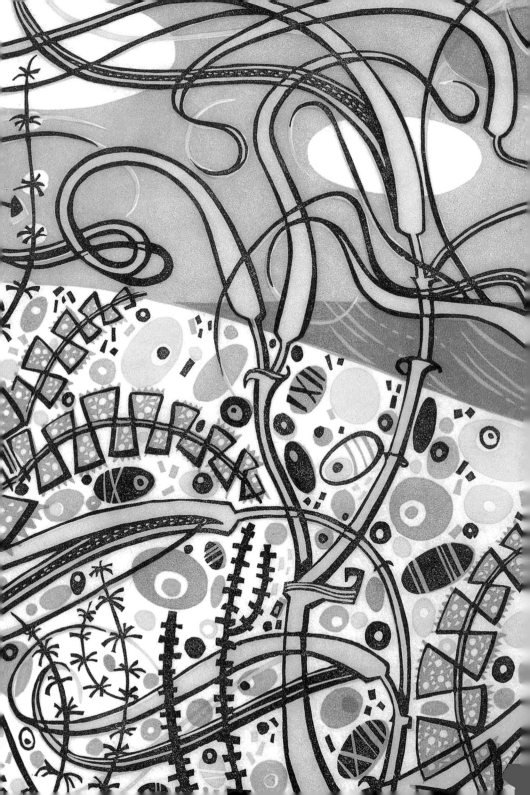

走过，但能让我激动、选择认真看一看的，只有那有着让我当时感兴趣的形状的几块。若是我坐下来，捡起一把一块一块查看，事情则又不一样了。通过令自己的大脑习惯一种新形状，我也许就可以扩展自己对图案的体验和理解……卵石展现了大自然打磨石头的方式。我捡到的有些石头，正中有贯穿的孔。"

就创作而言，这个假期大获成功，这尤其要归功于穆尔、斯基平和赫普沃斯在这片以沙为主的海滩上找到的那些迷人的含铁砾石。尽管这些石头往往不超过1英寸（2.54厘米）厚、1英尺（30.48厘米）长，但事实证明它们是绝佳的雕刻原料：质地细腻，软硬适中，易于打磨，光泽温润。回到伦敦后，三位雕刻家都展出了自己的含铁石雕刻，赫普沃斯还有条笔记，说他们在黑兹堡捡了四大筐卵石，以备未来创作之需。接下来那个9月，赫普沃斯与穆尔夫妇重返村庄，这次少了赫普沃斯的丈夫，但多了本·尼科尔森（没带他的妻子）。这是命定的邂逅：赫普沃斯与尼科尔森很快坠入情网，不出几个月，两人就离开自己原来的配偶，在伦敦同居了。此时的赫普沃斯已经彻底醉心于卵石，离开黑兹堡不久后，在写给尼科尔森的一封信中，她甚至将他的脑袋比作"人们见过的最可爱的卵石"。

赫普沃斯第一件纯抽象的雕刻作品便是在这第二次度假结束不久后问世的，而且没过多久，穆尔和赫普沃斯的作品都开始出现孔洞这一构成元素，几乎可以肯定，这灵感来自那些大大激起穆尔兴趣的带孔燧石与卵石。不过，我觉得在他的评述中最有意思的是这句话："在海滩上漫步时，我从数以百万计的卵石旁走过，但能让我激动、选择认真看一看的，只有那有着让我当时感兴趣的形状的几块。"看上去，好像穆尔几乎是在有意识地刷新自己的眼睛，逼迫自己用一种崭新的、不同的方式看四周——我想，这大概正是艺术家（或者诗人，又或者作家）在寻找看世界的新方式时必须做的。

在亨利·穆尔接下来的人生中，卵石便始终是一个重要参照物，若是去他位于赫特福德郡佩里格林村的故居参观，便可以发现屋里到处摆着卵石，举目皆是。有一段时间，其他艺术家也琢磨起了卵石。不管是因为时代思潮，还是只因为杂志和报纸让事物传播速度越来越快，卵石的形状悄然进入了同时期其他艺术家的作品中，从萨尔瓦多·达利1929年的《欲望的居所》、保罗·纳什20世纪30年代初期拍摄的多塞特卵石照片，到让·阿尔普那些更抽象化的基本形状。可以说，它们是最为理想的超现实之物：有着流动易变的形状，却又坚硬、神秘、无声。不过，尽管如此，它们更广泛意义上的艺术影响相对较小且短暂。毕加索保持了自己的一贯作风，从它们那儿吸收了营养，然后就迅速继续前进；然而亨利·穆尔一直到最后都保持了对它们的忠诚——而对于许多人而言，正是通过穆尔，卵石艺术得以登峰造极，不过那是在剑桥而非佩里格林。

《风扫海滩》
石版画，2015年

4

吉姆·伊德与卵石卢浮宫

　　穆尔与艺术策展人吉姆·伊德的友谊始于20世纪30年代，那时伊德与妻子海伦住在伦敦汉普斯特德区榆树路1号，伊德后来回忆道，那是"一栋乔治王朝时代的房子，很漂亮，大群各色各样的人都喜欢来这儿"，其中包括本·尼科尔森和温妮弗雷德·尼科尔森、芭芭拉·赫普沃斯和亨利·穆尔，他们住在公园山路，更靠近山脚一些。伊德在斯莱德美术学院专修绘画，不过后来他去了国家美术馆工作。接下来，1920年至1930年间，他在泰特美术馆做策展助理，常常不顾馆方的愚蠢反对，积极推介如布朗库西和毕加索这样的当代艺术家。他与许多艺术家成为朋友，多年来积攒起一批数量相当可观的绘画与雕刻作品。

《卵石螺旋》
木口木刻版画，2018年

不过伊德感兴趣的不只是艺术。他在20世纪40年代写的一篇文章里回忆说，自己"总是在布置房间，自己的或是别人的，还曾隔空［即通过广播电台］谈过如何布置房间。我的想法是，人真正需要的，是一个可在其中生活的房间，然而几乎没有人在房间内好好居住，总是房间住在人身上。我提倡清空房间，用光线和空气来布置它，那才是它的本质；遍布英国的美好空房，超繁生活中的避难所"。时隔多年，如今想要评估他当时对英国的室内装潢产生了多大影响，实在有些困难，不过我觉得这样说是合理的：他是那种清爽、极简、斯堪的纳维亚风格的早期倡导者，而这种风格直到四十多年后才真正流行起来。

因为身体不好，吉姆·伊德41岁时便提前退休了。1935年，他与海伦离开英国，侨居摩洛哥的丹吉尔，在城区边缘买了块地，造了一小栋现代主义风格的房子，给它取名为"白石"。第二次世界大战期间，他们一半时间在摩洛哥，一半时间在美国，吉姆在美国举行关于艺术和文化的巡回讲座，大获成功。1952年，他们离开摩洛哥，其后四年里住在法国，不过1956

《金盏花、茶碗以及燧石》
水彩画，2018年

年他们又迁回英格兰，以便与女儿们离得近些。他们在剑桥定居（吉姆曾在这里念过书），买下四座破败的小木屋，在本地一位建筑师的帮助下，将它们合并建成一栋房子，又按入口通道上的一块指示牌，将它命名为"茶壶院"。接下来的十五年里，伊德夫妇就住在这里，吉姆继续扩大自己的艺术收藏，每个周末下午都向学生们敞开家门。1966年，经过几次失败的尝试后，他们将房子连同藏品一起赠送给了剑桥大学。1973年，他们移居爱丁堡养老。四年后，海伦在那里过世。吉姆1990年去世，享年94岁。

在1931年那次关于室内布置的电台谈话中，吉姆称："总的来说，我发现自己更喜欢［没有图画和装饰品］，或者至多一两件，摆放方式要让我能好好欣赏。一幅画立在地上往往比挂在墙上更好看……"他还认为，相比之下，最好"让壁炉架空着，而不是在上面放二十件东西；要摆的话，每一件东西都要有专门的目的"。不过，到那所房子开始向公众开放时，屋内已摆得满满当当，不仅有图画和雕塑，还有家具、玻璃器皿、瓷器，以及卵石。原茶壶院藏品部策展人塞巴斯蒂亚诺·巴拉西说："在伦敦生活的那些年里，伊德渐渐对拾来的和天然的东西产生了兴趣，而这两者也深植于汉普斯特德的艺术氛围中（尤其是芭芭拉·赫普沃斯和亨利·穆尔的艺术）。伊德积极收集各种天然物件，他的朋友们也常常给他带贝壳与卵石，有时是从天涯海角寄来。这其中的许多后来成了茶壶院的永久展品，因为伊德认为它们能够通过并置与对比，为其他艺术作品增添美感。实际上，在这座房子里，自然物体扮演了至关重要的角色，诗人伊恩·汉密尔顿·芬利曾经称之为'卵石卢浮宫'。"

今天，来茶壶院参观的人们喜爱的不仅仅是屋内的艺术品本身，还有伊德精心摆放的卵石，尽管这些年里，具体的摆放方式不可避免地有一些细微的变化。你一走进房子，首先见到的东西里，便有那个美丽螺旋；它用一块块近乎浑圆的卵石，细致地按照体积递进的方式摆放而成。原策展助理迈克·图比回忆道："我们那时不断地重新摆它。然后，这件和那件东西（不管是什么东西）之间微妙的相对关系就会发生些许变化。"

虽然就客流量而言，茶壶院只是个相对较小的旅游点，但通过书本与杂志，它广泛影响了人们看待卵石的方式。如今，翻看任何关于画家或者其他创意界人士的室内装饰叙事，几乎都可见以某种艺术方式摆放在架子上的卵石。吉姆·伊德曾经说过："于人类大有裨益的是，在一个因贪婪、争执、恐惧而摇摇欲坠，即将堕入令人难以置信之恐怖境地的世界里，对于如何将两块卵石摆放得恰到好处这一问题，我们仍有可能，且有理由将找到答案视为要务。"

后页图：《插有小鼻花与欧蓍草的马克杯》
水彩画，2012 年

5

基本就怨德里克

在参与我们或可谓之卵石美学崇圣运动的几位推手中，还有最后一位我们尚未谈及，那就是艺术家和导演德里克·贾曼，对于世界各地的卵石爱好者来说，他位于邓杰内斯角的小木屋已近乎圣地。贾曼和吉姆·伊德两人之间几乎找不到相似之处，不过实际上他们之间有一个直接关联。1971年，贾曼受雇为肯·拉塞尔的电影《野蛮救世主》设计布景，那部影片则改编自伊德为艺术家亨利·戈迪埃-布尔泽斯卡所作的传记。作为调研工作的一部分，贾曼去拜访了茶壶院。或许令人惊讶的是，这次登门造访似乎并不很成功，贾曼觉得那地方的私密气氛令人不安，可能是因为当时那里还是伊德的家。贾曼似乎认为伊德对戈迪埃-布尔泽斯卡的描写过于理想化了，不对自己的胃口，这对于那次拜访肯定

《种穗与女巫石》
水彩画，2018年

没什么帮助。不过，我依然会觉得，茶壶院的美学是不是已悄然渗入了贾曼的心中，因为他自己的天然物品收藏，尽管比起伊德的更具哥特风格，给人的感觉却十分相似。

邓杰内斯角以其怪异、荒凉之美吸引了贾曼。它匍匐在一座核电站巨大、邪恶的身躯之下，是欧洲最大、最复杂的砾石坑。而此处遍地可见的临时棚舍和房屋（大多未获建筑许可，还有不少是用旧火车车厢改造的）显然颇吸引自视为性观念和文化边缘人的贾曼。在20世纪80年代，这些棚屋还有便宜这个优点：1986年，贾曼用继承的一小笔遗产购下愿景舍时，那栋房子只需750英镑，其中还包括了它周围那块几码见方的砾石滩。在人生最后八年中，他大部分时间都在这座有四间房间的棚舍中生活与工作，并慢慢将邻近的区域改造成了一座粗放、简易的花园，栽种了少有的几种可以在这海风强劲、缺乏淡水的环境中存活的植物，在它们周围摆放着巨大的燧石卵石（贾曼称它们为龙牙）和海滩上搜集来的浮木。不像在切西尔，在邓杰内斯找到中间穿孔的卵石很容易，贾曼用绳子将它们穿成环，挂在屋内以及围绕花园的杆子上。对于他来说，卵石有魔力。"这些石头，"他写道，"特别是成圈的石头，让我想到古代的巨石棚，竖立的石头阵。它们有着同样的神秘吸引力。"

贾曼作为反主流文化偶像，其名声越来越大，这便将邓杰内斯变成了一个朝圣之地。贾曼英年早逝，1995年，即他去世后一

《马芹生长的海滩》
木版画，2005 年

年，泰晤士与哈德逊出版社推出了《贾曼的花园》，书中刊印了霍华德·苏雷摄制的精美照片，推介贾曼的卵石组合艺术，其读者群体之广泛、反响之热烈，是他生前从未见过的。你可以说，1995年是作为艺术品的卵石成为主流的一年——或者，就像几年后贾曼的朋友、宠物店男孩组合主唱尼尔·坦南特开玩笑说的那样，"卵石这事儿都怪德里克，真的。如果你去一家酒店，那里有个该死的罐子，里面装了卵石，那基本就怨德里克了"。

《波尔维克Ⅱ》（局部）
麻胶版画，2012年

6

维多利亚时代的名人们

不过，即使今天多数人能够欣赏卵石那宛如雕塑之美，也不是说这就是欣赏它们的唯一方式。这同时也引出了一个疑问：过去——或可称为卵石艺术肇始期——人们眼中的卵石是什么？我们知道，莫蒂默·惠勒爵士主要将它们看作考古学证据（且不说很实际的外快来源），但是，为什么在《大卫·科波菲尔》中，年幼的大卫要帮注定不幸的小艾米丽在雅茅斯的海滩上捡拾卵石？他们在那些石头上看到了什么？狄更斯不肯帮忙，没有给出解释，但显然，这种事儿那时的孩子做得并不比现在的孩子少。而在威廉·戴斯那幅创作于维多利亚时代全盛期的画作，即《肯特郡佩格韦尔湾——忆1858年10月5日》（如今收藏在泰特不列颠美术馆）中，两位衣着考究的女子正向手里的柳条小篮中放卵石，或者只是化石和贝壳？

《克里斯托弗的卵石》
水彩画，2018年

《潮水洼所得》
水彩画，2011 年

我们只能猜测；不过，看待卵石还有一种更为冷静而严肃的方式，那便是不用艺术家的视角，而是用地质学家的眼光去审视它们。也许这一做法今天没那么流行了，但它的历史更悠久，在巴勃罗·毕加索和亨利·穆尔更新自己（以及我们）的眼光之前就已存在。我怀疑，以前多数受过良好教育的人如果关注卵石的话，都是将其看作地质学标本的。

大体说来，地质科学是18世纪末至19世纪初苏格兰人的发明，而在深钻技术到来之前，想要了解原生态岩石，最好的地方便是采石场、山坡、矿井——还有海滩。众所周知，正是贝里克郡锡卡角的海岸峭壁令现代地质学之父约翰·赫顿确信，自己关于地质变迁的"均变"理论是正确的。海岸侵蚀充分显示出地质的演变史，一代一代的地质人（不论专业的还是业余的）都曾手持小锤，在英国的海滩上打磨自己的技能。

早期的地质学家将大量的精力投入化石、岩石、矿石的分类，以及地质地图的绘制中，直到1859年，卵石才等到了自己的首位文字传道者，即居住在德文郡的博物学者约翰·G. 弗朗西斯。他的《海滩漫步：找寻海边的卵石与水晶》由劳特利奇、沃恩与劳特利奇出版社出版，属于该社的"大众博物学"系列，其目标读者便是受过教育的业余爱好者，同时也反映出当时对于自然标本（不论是

《海草及被掩埋的贝壳》
木口木刻版画，2007年

动物、植物，还是这儿的矿物）的收集与分类是多么流行。在说明自己的立意时，弗朗西斯指出，"英国所有的海贝都被编了号、分了类，甚至就连海草也从模糊混沌冒出，有了井然有序的植物学分类，然而，关于我们的卵石，目前还根本没有现成的通俗读物"。这是一本迷人的小册子，内含 W. S. 科尔曼绘制的若干全彩插图，插图展现的是被一切为二、显露出其复杂内芯的抛光卵石。它一定引起了不少读者的兴趣，使他们在去英国海岸游玩时搜寻得更仔细。[†]

《海滩漫步》提供了一个难得且有趣的机会，让我们得以一窥维多利亚时代人们对卵石的态度。很长一段时间里，人们对 19 世纪嗤之以鼻，认为那是个炼狱，充斥着浓烟与高礼帽，黑鞋油作坊和身着葬礼服、留着络腮胡的长者们。但是，去那时留下的老房子参观的人，还有喜爱那个时代艺术的人都知道，维多利亚时代的人们对于明快的颜色、精致的细工装饰、高抛光的物体表面如同孩童般着迷。这些显然也适用于卵石。今天的我们在海滩捡拾卵石时，也许更在意那种体现现代主义风格的浅色调，但约翰·弗朗西斯及其同时代人想要揭示的，是卵石表面下那往往斑斓绚丽的色彩。不过这样你就必须将卵石抛光并切开，于是玉石作坊这一产业很快发展起来，为业余收藏家提供服务。弗朗西斯描述过一家这样的小作坊（这在海滨小镇曾是寻常景儿），它不仅出售打磨抛光的卵石，还售卖宝石和化石，屋内赫然立着"一只巨大的半圆榆木或槭木柜，差不多 4 英尺（约 1.2 米）高，宽度大概是高度的一半，其中堆满了从各个海滩采集来的标本，另有好几个同样陈设的简易搁架。抛光的石头摆在敞口盘里，不过摆放角度经过精心设计，以获得最佳反光效果"。

店铺后面是作坊，切割和抛光实际上是在那里进行的。弗朗西斯不仅解释了这一精细、费力的过程（要用到各种砂轮，还要反复撒金刚石粉），甚至还估算了开这样一间铺子的成本。读他的书，我们慢慢也就理解了切割与抛光的魅力所在——他描述了"看自己的漂亮卵石被打磨的巨大乐趣。你可以不时停住砂轮，看效果如何。当彩色图案上开始出现明暗对比时，其效果有如将某种活物置于镜前。表面看上去不再是扁平的，你获得了空间透视效果，就像看一幅好画那样"。

十　严格地说，《海滩漫步》并不是英国的第一部卵石学著作，那一殊荣要归于《关于一块卵石的思考，或地质学第一课》，作者是吉迪恩·阿尔杰农·曼特尔医生（英国皇家外科医师学会会员、法学博士、英国皇家学会会员）。曼特尔是产科医师，但也是卓越的业余地质学家和恐龙化石发掘人，其诸多重要成就之一，是命名了禽龙。不过，他1836年首次出版的这本书，只谈到标题提及的那唯一一块卵石，全书尽管颇具魅力，却几乎只讨论了化石而非卵石。

后页图：《浮木》
木口木刻版画，1995年

53

7

在自然历史博物馆

　　《海滩漫步》提醒我们，看同一事物时可以有不同的视角，而这些视角本身也会随时间流逝而变化，旧的观看之道（用约翰·伯格的话说）会渐渐被新的看法取代——尽管有的时候，旧的看法会与新的观点并存。卵石可以是雕塑、画作、武器，或者地质学标本，不过实际上，它们处于原石状态时，对于地质学家来说并不像对外行人那样有直接的用途。当安吉·卢因与我刚刚开始为这本书展开研究时，我们相约去拜访了彼得·坦迪，他那时是自然历史博物馆矿物学部策展人。坦迪蓄着一把大胡子，似乎始终有些衣冠不整，一副柏拉图式理想地质学家的样子，而他的办公室（看上去似乎是从地质展览厅后面的剩余空间里随便开辟出来的）塞满了成堆的纸盒和书本，给人一点安慰。

左图：《卵石滩》
综合材料拼贴画，2017年

后页图：《海滩与沼泽静物》
水彩画，2012年

我带了几块自己最喜欢的卵石，指望他会一把抓过去，连连发出科学家的惊叹，不过最后证明，至少在这一点上，我要失望了。我坐在他的桌边，将它们在我俩中间铺开，满心期待着他做出反应。没有反应：他用专业的眼光打量了一下我的珍藏，然后解释说，卵石在自然状态下很难鉴定——而我恰恰最喜欢这样的状态。尽管要判断它们属于哪一类岩石一般并不困难，但由于长期置身于大海的咸水中，它们表面形成的那层灰色硬壳常遮掩住其内部结构。解决方法当然是戴上护目镜，抓起一把地质锤，砸开卵石；但我可一点也不想对自己的宝贝纪念品这样做，因此，我们显然有点谈不下去了。

　　我不想轻易放弃采访，于是便问他是否经常会碰到我这样的普通人来请他做鉴定。可不是吗，他回答道，人们总是拿些奇怪的石头来。看起来，那些奇石拥有者最常产生的错觉，就是他们碰巧捡到了一块陨石，其实很可惜，如今这样的事越来越罕见了。坦迪告诉我们，不久前，他接到楼下前台的电话，得知有一位先生带来一块石头，声称它有可能是陨石碎片。那时正是期中假时节，坦迪奋力从一群又一群的学童当中穿过，才好不容易抵达正门，来访者正在那里等他，带着老重一块奇形怪状、泛着金属光泽的石疙瘩。

《奥尔德堡水罐》
平版印刷画，2013年

坦迪一眼就看出它不大可能是陨石，但也辨认不出它究竟是什么，于是便问能不能拿它去做个分析。当然可以，那个人说。他解释说，这石头是在威尼斯丽都岛上捡到的，让他好奇的是，如果你使劲儿摇晃它，能听到里面有东西在响；然后他就把石头凑近坦迪的耳边摇了摇。坦迪觉得，考虑到它的发现地点，这最有可能是一个船舶零件，脱落到海床上躺了好多年。他向来访者道了谢，带着这一块东西回到自己的办公桌前。他最初的观察和探查没有得出什么结论，于是他给冶金科的一位同事打了电话，问他们能不能做个扫描。答复是当然可以，于是那块东西就被转去了冶金科。一两天后，由于一直未接到冶金科的回复，他便又打电话去问他们是否检验出那到底是什么东西。检验出来了，他们说，它现在就在院里的一桶水里，我们正在等拆弹组来呢。它可不是什么陨石，而是一枚被严重侵蚀的意大利手榴弹，很有可能是第二次世界大战时留下来的。千万不要说矿物学家的生活枯燥无味啊。

8

无石未翻

且丢开手榴弹，也许该看一看卵石是如何形成的，又是由什么构成的了——不过，先定义一下卵石到底是什么，会大有裨益。从理论上说，做这事儿应该简单得很，可就像很多（数量多得叫人恼火）看似明显的问题一样，答案实际上是"要看你问谁了"。因为不像巨砾或者岩石，对于何为卵石，世上并无公认的答案。《牛津英语词典》将卵石定义为"因流水磨蚀而形成的小粒圆润石子（小于巨砾或中砾）"。这似乎够清楚了，但是试着再追究一下细节，画面就开始模糊起来了。由美国地理学家威廉·C. 克伦宾在1937年首次提出的克伦宾φ值粒度量表上，卵石的直径被定义为在4毫米至64毫米之间。然而，在另一种分级表，即ISO 14688—1：2002粒度量表上，压根没有提卵石，但中砾、巨砾、

《暴风雨中的海滩》（局部）
丝网版画，2014年

65

砾、沙、泥沙均名列其中。不过我们也不要太执着于尺寸大小：我们也许无法解释为什么，但事实是我们在海滩上都能认出卵石来，而《牛津英语词典》的定义对我来说足够好了。

我们在海滩上捡起一块卵石，暂时打断了它在自然这个巨大研磨机中的旅程。这块卵石看上去似乎一动不动、了无生气：简单的非有机体，没有那赋予所有生灵以生机的生命之火。然而，就像人类一样，不同的卵石也有着长短不同的寿命，不过在卵石这里，起决定作用的不是基因、饮食和社会环境，而是诸如硬度和位置这样的因素，而且它们的生命中充满了意外——至少在我们把它们带回家、打断这一过程之前就是如此。一块松软的白垩岩或泥岩在无遮无挡的海滩上，寿命也许只能以周来计算，而躺在地中海滨海高地的一块硅石也许能"活上"千年之久。但就像我们可以斩钉截铁地说我们谁也不会越变越年轻一样，有一个特征能适用于所有的卵石（无论其构成或所处位置）：它们哪块也不会越变越大。

卵石介于巨砾与沙粒之间，生命之始是粗糙的岩石，它们受冰川、河流、霜冻或浪涛侵蚀，被慢慢冲向海中。湍流或潮汐裹着它们翻滚跌宕，互相碰撞，尖锐的边缘被逐渐磨得钝拙，粗糙的表面越来越光滑。这种无休无止的磨蚀作用，在十年、百年、千年间，能将最坚硬的卵石化为尘埃，至少是沙粒。如果所有的卵石都由光滑、同一的成分构成，它们会自然磨损成像弹子那样近乎浑圆的形状。但只要在海滩上捡上几块卵石，你很快就可以看出，它们大多数是椭圆形而非圆形，而这反映出了不同石块的内部结构。这样，细腻的白垩岩很快变得光滑浑圆，但也会一样快地化为虚无；坚硬的石灰岩由扁平的层岩累积而成，磨损过程便会慢得多，椭圆形的状态也会维持很久。我发现，最具雕塑感的卵石当中有许多都是燧石，它们嶙峋怪异的外形经海水打磨后，如果说有变化的话，往往会变得更加鲜明、更加不规则——成为亨利·穆尔收集回来以激发自己灵感的微型亨利·穆尔作品。我拥有的燧石卵石中，有看起来像距骨或股骨的，有像原始地母物神的，甚至还有一块像北极熊的。

换言之，每一种石头，都有自己的卵石演变轨迹，还有（程度稍轻些）自己的个性和颜色——不过，如彼得·坦迪解释的那样，那往往会被一层灰蒙蒙的盐釉掩盖住。讽刺的是，如我们已知的那样，鉴定一块卵石最快捷的方法是毁掉它，不过，在肉眼、水流和放大镜的帮助下，还是有可能做一些合理推测的。

后页图：《木盘和尤伊斯特卵石》
水彩画，2016年

67

几种卵石

这本书主要谈的是卵石之美，而不是其地质学知识（关于后者，可见克拉伦斯·埃利斯那本解说完备的《海滩上的卵石》，该书2018年由费伯-费伯出版社再版），但具备一点基本知识显然可以增添收集卵石的乐趣。所以，我们在这里只介绍几种最常见的卵石类型，它们都从我们自己的收藏中选出，也是你比较可能会在海滩上遇见的。

石英

这块美丽的白色卵石近乎透明，看上去像一轮椭圆的明月。它是一种石英石，由微小的六角硅晶体构成。在我看来，它表面发丝般的裂痕令其益发美丽。石英石可以明净如玻璃——此时一般称作水晶——但更多的时候，它会呈现出一系列色彩，从白色、

《潮线羽毛》
木口木刻版画，2018年

71

浅黄，到粉红和棕褐。尽管纯粹的石英卵石本身就很迷人，但作为矿物质，它几乎存在于任何种类的岩石中，在板岩和石灰石中常呈平行白色纹道，很显眼。石英很坚硬：实际上，大部分卵石很容易被刀划出痕迹，但石英却可以在玻璃上划出痕迹。

砖石、玻璃、混凝土

如果说在吸引我们去海滩的诸多因素中，有一种影响最大，那一定就是这个了：登上一座小岛，在这儿你肯定会找到原始的大自然。在我们的认识中，海滩荒无人烟，无拘无束，然而，哪怕是一块看起来无比天然纯净的地方，人类活动也总有办法以出乎意料的方式渗透进去。比如说，达勒姆郡的海滩上可以见到煤块，那是海浪从伊辛顿的矿区卷来的；而只要在玻璃瓶被冲上海岸或者随轮船沉没的地方，就可以找到没有棱角的海玻璃。战时人们曾在海滩上因陋就简、尽量就地取材，匆忙建造起反坦克障碍物和其他工事，这些建筑物上面的混凝土会脱落下来。另一种你偶尔能在海滩上见到的人造材料是砖块，它们很快被磨蚀成梨形或相当扁平的光滑卵石，摸上去质地偏软，像白垩岩，手感不错。虽然它们主要见于城镇附近，但海岸峭壁边曾有那么多的砖石建筑倒塌，所以几乎哪里都可以见到它们的身影，尽管数量较少。

《海岸所得》
水彩画，2018 年

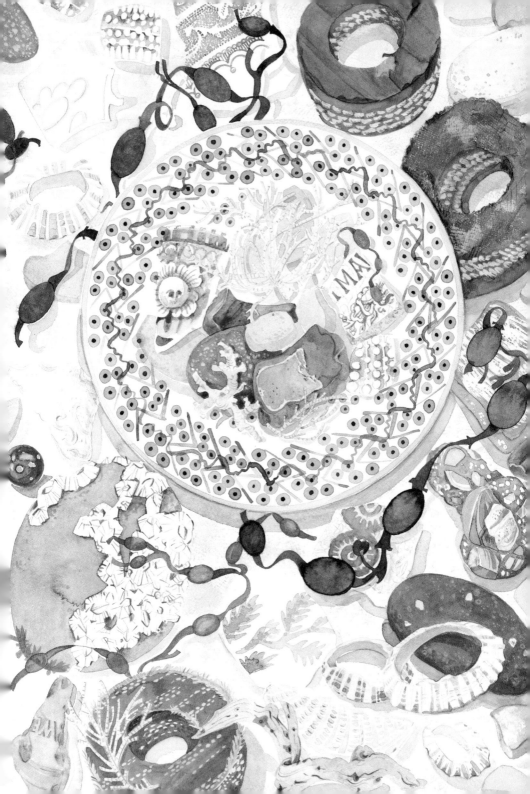

石灰石

蓝灰色，光滑，内嵌平行线构成的精美图案——这是我最喜欢的卵石之一，是一块石灰石。石灰石有各种形状和色调，不过一般呈灰色或泛白的颜色，海滩卵石外包裹的那层盐釉使得这种色彩更为鲜明。在英伦三岛，这种石头很常见，它一直是我国最重要的建筑石料之一。我可能有点偏心，但是波特兰石也许是所有石灰石中最棒的：它粉白、细腻、易于凿刻，被用在了伦敦许许多多的建筑中，从圣保罗大教堂到整条摄政大街，甚至有人说伦敦现有的波特兰石比留在波特兰岛上的还要多得多。不同的石灰石硬度也不一样，有白垩岩（磨损极快，因此白垩岩卵石在海滩上往往坚持不了多久），也有极为坚硬的晶体结构。

砂岩

这块卵石柔和的棕粉色说明其质地为砂岩，很有可能来自德文郡南部，在那里它被广泛运用于建筑业。在其"自然"状态（即未裹上卵石的灰色盐釉层）下，这种新红砂岩（取此名是为了与德文郡北部的旧红砂岩区分开来）呈现一种浓烈的粉红色，而在第一次去埃克塞特城的人眼中，这座以这种石材为主要建筑材料的城市一定红得惊人。砂岩，当然啦，是一种沉积岩，由微小的圆沙粒构成，而这些沙粒本身则是由百万年前的其他岩石风化而来。虽然不少砂岩颜色颇淡，但最显眼的几种是红色的。它们的颜色来自渗入其中的长石或氧化铁，而氧化铁更常见的形态是金属上的锈。正如雅克塔·霍克斯在她那部记叙英国地质构造的经典著作《一片大地》中所写的，"在中部地区，雨水中新红砂岩闪耀着暖红色。这些砂岩大多在遍布英格兰中部和北部的大湖或内陆海中沉积生成，当时这些水体周围是被烈日灼烧的沙漠"。你几乎可以感受到蕴藏于石头内部的热量。

燧石

燧石是一种奇妙且有些神秘的物质，因为我们仍然不是很清楚它是如何形成的。它呈结核体，存在于沉积岩中，而侵蚀作用将其从此类岩石构成的崖壁上剥离——这在英吉利云崖以及怀特岛的尼德尔斯海柱上可以看得特别清楚，那些耀眼的白石灰石上常凸起一团团亮闪闪的黑燧石。燧石由一种极其坚硬的石英构成，一般认为，这种石英以某种方式填充了其他石块间的微小空隙，而它们那疙疙瘩瘩、十分惹眼的形状（有时让它们看上去像是因烈日炙烤而褪色的骨骼）也许便源自它们成形空间的轮廓。尽管它们外部往往有一层亮白或者发黄的外壳，内部的石英却是深灰色的，且看上去有玻璃质感。因为它们极硬，所以在其他质地较为松软的卵石最终磨蚀消失后，海滩往往就成了燧石卵石的天下。它们也是"女巫石"的最佳来源；女巫石是中间贯通的卵石，以前人们会将它们钉在屋舍门上，用来阻挡女巫和其他不速之客。

花岗岩

　　这块卵石表面粗糙，疙里疙瘩，点缀着粉色和灰色斑点。它是一种花岗岩，形成于地下深处，因冷却速度缓慢而形成结晶。结晶是许多花岗岩的特点：总的来说，这些结晶体越大，说明当初岩石冷凝时间越长，结晶有充足的时间生长。它们生成于地壳深处，这意味着结晶花岗岩往往存在于其他岩石之下，只有在上百万年的侵蚀作用将上层岩石磨蚀殆尽之后，才会显露出来。在英国，最大的花岗岩聚集地在苏格兰和康沃尔。自有铁路起，那里的采石场就在为各个城市的街道提供路缘石。也是在那里的海滩上，最有可能见到花岗岩卵石。它们的硬度，以及它们的粒状结构，意味着它们很少是光滑或者圆润的。

板岩

　　卵石是披着伪装的岩石，在时间与海潮的作用下，它们本来的颜色和形状变得柔和模糊了。不过，多数的石头对此过程多少有些耐受力，这就是为什么如此多的卵石是椭圆而非浑圆，而有些石头的耐受方式别具一格。海滩上的卵石中，少有板岩这般显眼的，它们裂成薄片，一般会形成特别扁平的灰卵石（不管它们的边缘有多圆润）。这使它们成为绝佳的水漂石，这也就解释了为什么世界打水漂锦标赛每年都是在苏格兰伊斯代尔岛上一处现已

《风扫海滩》
水彩初样稿，2015 年

废弃、海水倒灌的板岩采石场举行。

片岩

如板岩一样，片岩是一种变质岩，由沉积页岩和泥沙在高温高压下挤压形成。也和板岩一样，它很容易被沿着断层线瓣开，用来做石板瓦或者地砖。不过，板岩保留了其原初灰色的沉积沙岩细颗粒状外观，而片岩由于经受了进一步的高温与挤压，内部会产生扁平颗粒状的矿物质，比如云母和石英，它们会反射光线，片岩特有的亮闪闪的光泽便源于此。这一层亮银光泽，加上它们往往十分鲜明，看上去几乎像是木质纹理的分层，使得片岩很容易辨认。

片麻岩

第一眼看上去，片麻岩（英语中拼作"gneiss"，不过读作"nice"）可能会被误认成花岗岩，不过它们实际很容易区分：和花岗岩不一样，片麻岩有条纹。尽管有分层往往意味着是沉积岩（比如石灰石和砂岩），但片麻岩实际上是变质岩（和片岩一样），是其他岩石（其质地可能是沉积岩、火山岩或者变质岩）经高温高压挤压再结晶形成的。这些结晶体呈条状分布，给了片麻岩其特有的外表。由于硬度极高，片麻岩卵石一般呈椭圆形，或是粗略的圆形。

《伯纳雷岛的片麻岩卵石》
水彩画，2018 年

10

几处滩涂

　　不列颠岛大约有11 000英里（约17 800千米）的海岸线，考虑到国土面积，其相对海岸线长度超过了世界上几乎所有其他国家。西班牙的面积是英国的两倍，但海岸线只及其一半。英国的地质结构与国土形状同样复杂，而它的各处滩涂则构成一个壮观的陈列柜，展示着人们在其沿岸所发现的数百种岩石。以下是几处我们自己最喜欢的滩涂。

艾奥纳岛
圣科伦巴湾

　　要去圣科伦巴湾，只能靠步行或者乘船，但这趟旅程肯定是值得的，尤其是因为它是英国最为色彩斑斓的海滩之一。它地处

《哈里斯》
麻胶版画，2007年

内赫布里底群岛中艾奥纳岛的最南端，是一处避风港，海滩上铺满了粉、红、橘红、灰、绿各色卵石，其石质包括珊瑚色花岗岩和条纹刘易斯片麻岩，这两种岩石拥有英国最古老岩石的殊荣，其历史可追溯到二十七亿年前。你还可以找到白色的艾奥纳"大理石"（实际上是一种石灰石）以及非常有名的"圣科伦巴之泪"，后者是泪滴形的软玉小卵石，绿色，晶莹剔透。据传说，圣科伦巴于563年被逐出爱尔兰之后，便是在此登陆，并建立了一座修道院。那座修道院在接下来的几百年内成为凯尔特基督教的重要中心。海滩西边较高处有大约五十个卵石堆，其起源已经失落在时间的迷雾之中，不过有一种理论认为，它们是由中世纪的朝觐者或者为自己赎罪的修道士堆成的。

康沃尔
惠里镇

利泽德半岛是不列颠岛的最南端，也是寻找蛇纹石卵石的最佳地点之一，这种绿色的岩石构成了这座著名半岛的主体。这里许多的海滩都是寻找卵石的好地方，不过岩石种类最丰富的地方也许还要数彭赞斯周边。惠里镇地处彭赞斯与纽林之间，那里的卵石滩上，从蛇纹石、石英脉纹板岩、碧玉岩、玛瑙、花岗岩、燧石、黄晶到光玉髓，各类岩石应有尽有。这座海滩还有一个优点，那便是对于不那么喜好运动的卵石搜集人来说，去一趟不难。

萨福克

砂石街

地如其名。这一小片住宅区孤悬于萨福克南部海岸之上，下方便是陡峭的砂石滩。这海滩还是一处SSSI自然保护区（Site for Special Scientific Interest，"具有特殊科学价值的地域"），在海浪侵袭不到的地方，野海甘蓝、海罂粟、花葵茁壮生长，繁茂兴旺。海滩（主要是由燧石卵石构成）可以被视为奥福德角的延伸，后者是巨大的砂石堤，在奥尔德堡拦住了奥尔德河的去路，迫使它向南蜿蜒10英里（约16千米），最终在砂石街北边逃逸，汇入大海。想去砂石街，就只有一条单车道道路可用，其上有马尔泰洛式塔楼俯瞰，其间有纵纹腹小鸮和反嘴鹬神出鬼没，是一个有着蛮荒之美的地方。

多塞特

切西尔海滩

切西尔海滩在多塞特海岸绵延18英里（约29千米），有着国内最壮阔、最壮观的卵石滩。这片超乎寻常的巨大卵石滩起始的一段相当普通，但在阿伯茨伯里与波特兰港之间的18英里中，狭长的弗利特咸水潟湖将其与陆地隔开。切西尔海滩是连岛坝（亦称连岛沙洲）的典型；所谓连岛坝，是指因潮汐作用形成的、连

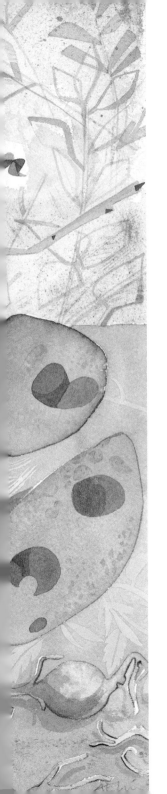

接岛屿与更大块陆地的狭长沙地。据估算，切西尔海滩上有一千八百亿块卵石；在潮汐作用下，卵石自西向东体积递增，在最西端有豌豆大小，到海滩与波特兰岛接壤处已成了大卵石了。它的历史也不寻常。从地质学角度说，它相当年轻，有可能在大约一万年前随着上一个冰河纪末海平面上升而形成。尽管面积可观，构成它的岩石种类却少得出奇：以燧石和硅石为主，在德文郡的巴德利索尔顿一带有一些粉色与红色的石英岩卵石，以及很小的碧玉岩。尽管切西尔海滩一端是韦斯特贝的峭壁，一端是波特兰岛，海滩上却不怎么看得到来自峭壁的亮橘色砂岩卵石，亦很难见到来自岛上的石灰石卵石。乍看上去这很奇怪，但这是因为砂岩质地过于松软，在浪潮冲刷下坚持不了太长时间，而波特兰岛的石头则是被潮水裹挟着向东，远离了海滩。

《鲣蛊与羽毛》
水彩画，2014年

85

东萨塞克斯郡
拉伊港

　　尽管没有再往东几英里处的巨大海角邓杰内斯那般引人瞩目、声名卓著，拉伊港的海滩却依旧极具魅力；这不仅仅是因为它的环境（面对一个重要的候鸟越冬自然保护区），也因为那些色彩绚烂、种类繁多的卵石——尽管（就像英格兰南部和东部海岸多数地方一样）主要是燧石。在其中，如果你够幸运的话，偶尔会遇上一摊摊蓝色的燧石卵石，它们仿佛是被人有意聚在了一起。它们其实是本地一种一度繁荣产业的罕见孑遗：自18世纪20年代起，人们将这儿的卵石运往各地的陶瓷制造厂，最远可达特伦特河畔斯托克。在那些陶瓷厂中，卵石经过焙烧，研磨成粉后，被用作增强剂加入黏土，后来也曾被用作制造玻璃的原料。直到20世纪30年代，人们还在此地采集蓝燧石，用专门改造的"运石船"，将其转运到拉伊港铁路线的火车上。

马里郡
芬德霍恩

　　芬德霍恩和芬德霍恩湾多年来一直为安吉·卢因提供灵感。吸引她来到这儿的，是澄明的光线，以及那些美妙的卵石——蓝色的、赭色的、灰色的，带着条形、圈状、点状纹样，散落在海滩上，与浮木、羽毛、海草躺在一起。沿河也能找到卵石，它们将岸边的嶙峋怪石磨出一个个壶穴。海滩后面，一条小径挨着沙丘边缘逶迤前行。沙丘边，面向陆地一侧的滨草中点缀着圆叶风铃草和欧石南。远处，萨瑟兰的众山起伏绵延。

安特里姆郡
波特马克

同切西尔海滩一样，波特马克的海滩也是极为典型的连岛坝——因潮汐作用形成的、连接岛屿与更大块陆地的狭长沙地，不过这里的沙地只在低潮时才显现。湍急的潮水和滑溜溜的石块使得这条通道十分危险，但通道那一端的马克岛是一个鸟类保护区，所以这或许是件好事。波特马克海滩东北朝向爱尔兰海，沿安特里姆海岸峭壁一线风景都极好。这里是北爱尔兰最迷人的海滩之一，沙质的前滩后面便是白色的大卵石，其两侧都是国家名胜古迹信托会（National Trust）的土地。

伦敦
黑衣修士区

你可能根本想不到在伦敦市中心能找到卵石滩，但泰晤士河湍急的潮水完全有力量打磨岩石，不过比涌动不歇的大海速度要慢一些。低潮时，不少河滩河岸便显露出来，由其结构可看出周边主要是人工造就的环境。黑衣修士桥与泰特现代美术馆之间的地带便是一个极好的例子。它的底层是淤泥和伦敦黏土，但表层满是碎砖残片，其中大部分是二战大轰炸后被倾倒入泰晤士河中的。有的地方，砖石已被磨成了光滑、浅红的卵石，（好好洗一洗之后）摸上去手感很好。也许更显眼的是泰晤士两岸都能见到的、大得出人意料的白垩岩块。它们让我困惑了许多年。它们有没有可能是被水流从戈林谷（泰晤士河在那里横穿伯克郡丘陵）一路裹挟过来的？后来是那个出色的泰晤士河探索项目（据组织者描述，此项目旨在探索"首都最长的古迹"）为我解了惑。原来，这些大的白垩岩块是19世纪时人们特意摆放的，为的是提供一个（相对）软一点的基底，让泰晤士河上的驳船在低潮时可以安全搁置停放。

彭布罗克郡

纽盖尔

　　纽盖尔是彭布罗克郡海岸边诸多美丽的海滩之一，彭布罗克郡海岸之所以能如磁石般吸引游客，就靠这些海滩。不过，这一片位于圣戴维斯南城外、约2英里（约3.2千米）长的海滩有其不寻常之处：它后面有一片由卵石构成的巨大暴风浪型滩台，（据说）形成于1859年10月25日的那场大风暴。令人特别满意的是，这里的卵石大小和来源不一，反映出这一地区悠久、复杂的地质历史，而且它们之中还有像黄色流纹集块岩和光滑斑状熔岩这样的火成岩，其历史可追溯到大约四亿五千万年前。这片海滩将沙质的前滩（只有低潮时才会露出）与A487干道隔开，保护它免受西南风侵扰，但更大规模的风暴会冲击海岸，将卵石推上干道，一连数日让交通中断。未来，愈加猛烈的风暴很有可能会来得愈加频繁，海滩有可能会被进一步推向内陆，而干道则需要改道；因此，快趁着交通还方便的时候去看一看吧。

诺福克
索尔特豪斯和布莱克尼角

喜欢安吉·卢因作品的人也许已很熟悉诺福克北部海岸这一片独特的海滩了，因为她刚搬到此郡时早期画作中的主要题材，便是这儿的风景：一带滩岸、大海、天空，满眼荒凉、一览无余。如今她每年仍然会回到这片海滩作画。布莱克尼角是一条暴露在外的砾石沙脊的末端，这条沙脊长度超过7英里（约11千米），始于韦伯恩，背后是盐沼和潮泥滩。就像英格兰东海岸的许多海滩一样，它主要由底层白垩岩上因侵蚀而脱落的燧石构成。不过，海滩上也有一些由诺里奇红岩形成的卵石，这种粗砂岩来自向东数英里处的谢灵厄姆。在索尔特豪斯附近，曾不断由推土机修修补补的人工砾石堤如今已被废弃，风暴大时，海水便长驱直入——几年前，一场风暴后，人们曾看到一头海豹沿着滨海公路畅游。

兰开夏郡

瑟斯塔斯顿

这一片颇受欢迎的细沙和砾石海滩地处威勒尔半岛西部，背靠黄色的砾石黏土低崖，在兰开夏郡大部分海岸线上都可见到这类低崖。崖上的松软黏土受侵蚀后，便会有卵石脱落。很有趣的是，这些卵石的来路各不相同，因为它们是被巨大的冰川千里迢迢从苏格兰西南部和坎布里亚拖带过来的。冰川也裹挟巨砾，但奇妙的是，海滩上最大的石块似乎并非来自低崖。有一个理论认为它们原是帆船的压舱石，是被人抛弃在这里的。

北约克郡

斯卡伯勒

斯卡伯勒的沙质海滩久负盛名且名副其实，也是卵石爱好者"狩猎"的好去处，因为那儿的砾石种类丰富，不仅有来自约克郡悬崖的磨石粗砂岩、石灰石以及页岩，还有由达勒姆郡、诺森伯兰郡，以及由北至苏格兰的海岸一路冲刷、南下而来的岩石。甚至连城南几英里处的玉髓湾，也得名于在当地的玛瑙和石英中有时可见的光玉髓卵石。

《北方海岸草稿》（局部）
综合材料画，2013年

东洛锡安

泰宁汉姆

　　爱丁堡南部的海岸线上有几处绝妙的海湾，其中便包括泰宁汉姆；走上这片海滩时会经过一片松树、橡树与杜鹃林，有几处树林甚至延伸进了海滩。虬曲老根紧紧抓住沙子，卵石与松球混杂在一起，亮橘色的沙棘小果迎着太阳。海滩上的卵石种类丰富，颜色有红有灰，有些遍布孔洞，很像虫蛀的木头。海滩远处，嶙峋的圣鲍尔德雷德海角拔地而起，周围环绕着波浪与海风凿刻出的怪石。

一点法律风险提示

本书探索了卵石的诱惑，而且多数读者也曾从海滩带回过一两把卵石，但下面的信息可能会令人惊讶：根据1949年颁布的《海岸保护法令》，将卵石带离英格兰和威尔士的海滩是触犯法律的。当然，如果说像切西尔海滩这样拥有一千八百亿块卵石的地方，因为来访者带走几块卵石，就会受到严重破坏，似乎有点荒唐；但当初法令的通过，是经过认真考虑的，为的是降低潜在的海岸受侵蚀风险。

不过，对于业余卵石收集者来说，幸运的是只有在某个郡或当地主管部门发布指令（此指令须由一位国务大臣签核），明确指定该法令适用于某片海滩或某段海岸线时，它才生效。多数情况下，在符合此情况的海滩上，会有告示牌提醒，但也不总是如此，因此，费点事儿查询一处海滩是否受到保护总是明智的，且务请谨遵当地任何告示牌上的提示。

后页图：《索尔特豪斯的教堂》
麻胶版画，2007年

后记

我不知道在世界眼中自己是何模样，但在我自己眼中，我似乎一直只是个在海滩上玩耍的孩子，偶尔发现一块比平常更光滑的卵石或更美丽的贝壳，便欢欣不已，而眼前却是那浩渺的真理海洋，远远未经探索。

——艾萨克·牛顿爵士（据信）

　　我正躺在切西尔海滩上。今天是夏末那种一丝风都没有的热天，海面有如水银。不过，在靠近岸边的地方，你可以看到仍有浅浅的涌浪。浪头只有一两英寸（约2.5厘米至5厘米）高，但那

《蒲公英Ⅲ》
木口木刻版画，2004年

97

就足够每隔五秒左右将成吨的水拍到岸边了。每一个浅浪都重重地砸向岸边，你可以感受到它们通过你身下的卵石传来的轰鸣，还有它们顺海滩陡坡拖带着卵石退去，卵石负隅抵抗，发出一种奇怪的吱叫嘶鸣。我最喜欢在这种日子里游泳。海水如明镜般澄清，你如果向外游，可以很清楚地看到二三十英尺（约6米至9米）下的海床，或者，你也可以靠岸仰泳，让涌浪轻轻地将你推开又拉回。那感觉就像飞翔，令人飘飘欲仙、心醉神迷。

切西尔海滩躺上去并不舒服，至少在波特兰这端不舒服：这儿的灰硅石卵石太大了。它们硌你的背，在你的脚下移动，弄得你只能连滚带爬地入水出水，毫无风度可言，还十分痛苦，除非你记得穿游泳鞋。我一转脸，便可看到海滩巨大的弧线向着阿伯茨伯里山和韦斯特贝的橘色悬崖蜿蜒而去：几十亿块卵石，虽然在此处体积不小，但越向西便越小。很长时间以来，我一直在琢磨我们为什么会收集卵石，而我希望这本书能够提供几个合理的解释。不过我现在坐在海滩上，又有了最后一个想法。

对于我们这种未住在火山顶的人来说，海滩也许是我们可接触的最为力量勃发、变化多端的环境了。我们也许会将它们与假日和游乐联系在一起，然而它们实际上是崩溃与毁灭之地。一开始我便说，晚上我能听到大自然制造卵石的声音，但要是更准确一点，我应该说我可以听到大自然毁灭卵石的声音，因为它们在浪潮不断的冲击下正在慢慢化为沙粒。事情有没有可能是这样的：

尽管我们也许并不清楚为什么，但我们带卵石回家是为了保存它们，就像我们会护送一只刺猬通过繁忙的道路一样。我们将卵石带离海滩，便打断了一个在其他情况下不可避免的消亡和衰败过程。就好像我们想要拦住时间的进程一样。

不过，当然了，我们的希望，如果这确实是我们的希望的话，到头来也只是一场幻梦，因为从长远看，我们的行动对于稳步前行的地质时间毫无影响。不管我们将卵石带得离海滩有多远（而我们中的不少人应该都从遥远的度假地带回过几颗），不管我们有多珍惜它们，最终我们都得放手。在那之后呢？也许我们的后人会将它们送回大海，或者就直接扔掉。再过百来年，我们的房子会倒塌，时间则会慢慢前进。百年成千年，千年成万年，其间，地震、冰川、滑坡、火山活动会重塑我们所知的地球，连带着我们的卵石。百万年以后，我们知道的一切都会化为尘埃。但那尘埃本身又将形成新的岩石。如果天仍降雨，海水仍随月引，那么这些岩石仍然会形成新的卵石，准备再次开始这无尽的循环。

后页图：《北方海滩》
麻胶版画，2013年

致谢

　　这本书最初的想法得以问世，要感谢一本很棒的同好者小杂志。杂志题为《物》，精致而不拘。十分可惜，实体杂志已经停刊，但是多亏神奇的互联网，在线上仍然可以查阅。因此，我首先要感谢的，必须是乔纳森·贝尔，是他首先委托我为《物》写关于卵石的文章。感谢布丽吉特·卡特和让–路易·于尔布允许我住在他们在佩永的那栋摆满了卵石的房子里，在那里，我真正开始动笔撰写此书——也要感谢史蒂文·霍纳介绍我认识他们。感谢安吉·卢因与西蒙·卢因创作这些美丽的插图，令整个出版过程充满乐趣。感谢原自然历史博物馆地球科学部（矿物与行星科学分部）策展人彼得·坦迪同意同素昧平生的安吉与我见面，并热情、友好地为我们提供了各种矿物知识。也要感谢与他一样乐于助人、在自然历史博物馆满是宝藏的图书馆工作的同事赫伦·佩瑟斯。感谢所有回复我的询问、向我提供关于当地海滩信息的朋友们，特别是史蒂文·威尔。感谢海伦·兰德尔及其同事埃德·里斯和赫娜·马利克帮助我了解了关于卵石收集的法律规定。感谢德博拉·伯恩斯通无比严谨地对我的文稿进行编校。感谢我的母亲收留我，将我照顾得如此之好。不过，最最重要的是，感谢罗伊·巴克多年来对我的容忍。

《海藻与种穗》
木口木刻版画，2007 年

参考文献

Barassi, Sebastiano: *The collection as a work of art: Jim Ede and Kettle's Yard* (University Museums in Scotland conference, 2004)

Barber, Janet: *Pebbles as a Hobby* (Pelham Books, 1972)

Chatwin, Bruce: *In Patagonia*, Chapter 95 (Jonathan Cape, 1977)

Ellis, Clarence: *The Pebbles on the Beach* (Faber and Faber, 1954; republished 2018, with a new introduction by Robert Macfarlane)

Francis, J. G.: *Beach Rambles, in Search of Sea-Side Pebbles and Crystals* (Routledge, Warne & Routledge, 1859)

Fullwood, John (1894–1928): *Pebbles Found on British Beaches* (unpublished and undated, in the library of the Natural History Museum)

Hamilton Finlay, Ian: *Unnatural Pebbles, with detached sentences on the pebble* (Graeme Murray Gallery, Edinburgh, 1981)

Hawkes, Jacquetta: *A Land* (Cresset Press, 1951; republished by Collins Nature Library, 2012)

Kay, George: *Collecting Pebbles, Rocks and Fossils* (Beaver Books, London 1980)

Ede, Jim; and others: *Kettle's Yard and its Artists: An Anthology* (Kettle's Yard, University of Cambridge, 1995)

Mantell, Gideon: *Thoughts on a Pebble* (Relfe & Fletcher, 1836)

Munari, Bruno: *The Sea as a Craftsman* (Corraini Edizioni, 1995)

Østergaard, Troels V.: *Rocks and Pebbles of Britain and Northern Europe* (Penguin Books, 1980)

Thornton, Nicholas: *Moore | Hepworth | Nicholson: A Nest of Gentle Artists in the 1930s*, catalogue for exhibition at Norwich Castle Museum and Art Gallery, 2009

Ulrich, Herbert; Schwartz, Walter; and Stuhler, Werner: *Kieselsteine* (Ernst Wasmuth, Tübingen, 1981)

Zalasiewicz, Jan: *The Planet in a Pebble: A Journey into Earth's Deep History* (Oxford, 2010)

译名对照表

Abbotsbury, Dorset　阿伯茨伯里，多塞特

agate　玛瑙

Aldeburgh, Suffolk　奥尔德堡，萨福克

Architectural Association Journal　《建筑协会杂志》

Arnold, Matthew: *Dover Beach*　马修·阿诺德：《多佛尔海滩》

Arp, Jean　让·阿尔普

Beachy Head, Sussex　英吉利云崖，萨塞克斯

Beckett, Samuel　塞缪尔·贝克特

Berger, John　约翰·伯格

Blackfriars, London　黑衣修士区，伦敦

Blakeney Point, Norfolk　布莱克尼角

Brancusi, Constantin　康斯坦丁·布朗库西

Brassaï (Gyula Halász)　布拉塞（久洛·豪拉斯）

Brick pebbles　砖石卵石

Budleigh Salterton, Devon　巴德利索尔顿，德文郡

carnelian　光玉髓

Cornelian Bay, Yorkshire　玉髓湾，约克郡

chalk　白垩岩

chert　硅石

Chesil Beach, Dorset　切西尔海滩，多塞特

citrine　黄晶

Cley, Norfolk　克莱，诺福克

Coast Protection Act 1949　《海岸保护法令》，1949 年

concrete pebbles　混凝土卵石

Krumbein phi scale　克伦宾φ值粒度量表

Krumbein, William C.　威廉·C. 克伦宾

Lewisian gneiss　刘易斯片麻岩

Limestone　石灰石

Listener, The (magazine)　《听者》（杂志）

Lizard peninsula, Cornwall　利泽德半岛，康沃尔

Mantell, Dr Gideon Algernon: *Thoughts on a Pebble*　吉迪恩·阿尔杰农·曼特尔医生：
　《关于一块卵石的思考》

Maiden Castle, Dorset　梅登城堡，多塞特

meteorites　陨石

millstone grit　磨石粗砂岩

Moore, Henry　亨利·穆尔

mudstone　泥岩

Nash, Paul　保罗·纳什

Natural History Museum, London　自然历史博物馆，伦敦

Needles, The, Isle of Wight　尼德尔斯海柱，怀特岛

nephrite　软玉

Newgale beach, Pembrokeshire　纽盖尔海滩，彭布罗克郡

Newlyn, Cornwall　纽林，康沃尔

New Red Sandstone　新红砂岩

Nicholson, Ben　本·尼科尔森

North Uist, Outer Hebrides　北尤伊斯特，外赫布里底群岛

Norwich Red Crag　诺里奇红岩

Old Red Sandstone　旧红砂岩

Orford Ness, Suffolk　奥福德角，萨福克

Penzance, Cornwall　彭赞斯，康沃尔

Perry Green, Hertfordshire　佩里格林，赫特福德郡

Pet Shop Boys　宠物店男孩

Picasso, Pablo　巴勃罗·毕加索

Portland, Isle of, Dorset　波特兰岛，多塞特

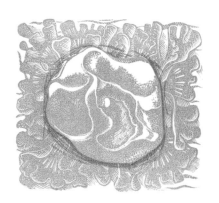

《石子圈》
木口木刻版画，1995 年

"天际线"丛书已出书目

云彩收集者手册

杂草的故事（典藏版）

明亮的泥土：颜料发明史

鸟类的天赋

水的密码

望向星空深处

疫苗竞赛：人类对抗疾病的代价

鸟鸣时节：英国鸟类年记

寻蜂记：一位昆虫学家的环球旅行

大卫·爱登堡自然行记（第一辑）

三江源国家公园自然图鉴

浮动的海岸：一部白令海峡的环境史

时间杂谈

无敌蝇家：双翅目昆虫的成功秘籍

卵石之书

鸟类的行为

豆子的历史